儿童茶艺指导用书（幼教版·中册）

主编／大可 景萍
副主编／张晖 王祎楠
编者／燕盈 武晶 王春燕
马越 杜文婷

山东城市出版传媒集团·济南出版社

图书在版编目（CIP）数据

儿童茶艺指导用书：幼教版 / 大可, 景萍主编. -- 济南：济南出版社, 2018.11

ISBN 978-7-5488-3469-4

Ⅰ.①儿… Ⅱ.①大… ②景… Ⅲ.①茶艺—中国—儿童读物 Ⅳ.①TS971.21-49

中国版本图书馆CIP数据核字（2018）第251641号

儿童茶艺指导用书（幼教版·中册）
主编　大可　景萍

出 版 人	崔　刚
责任编辑	贾英敏　刘召燕
装帧设计	张　倩　陈　雪
音乐制作	宝琹（古琴演奏）　David（录音）　张以秋（钢弦演奏）
编　　曲	燕　盈
朗　　诵	姬世玉　李媛媛　郑云榕　侯俣泽
演　　唱	郑云榕　侯俣泽
出版发行	济南出版社
地　　址	山东省济南市二环南路1号（250002）
编辑热线	0531-86100291
发行热线	0531-86131728　86922073　86131701
印　　刷	济南龙玺印刷有限公司
版　　次	2018年11月第1版
印　　次	2018年11月第1次印刷
开　　本	170mm×240mm　16开
印　　张	17.75
彩　　页	24
字　　数	196千
印　　数	1-3000册
定　　价	157.00元（全三册）

（济南版图书，如有印装错误，请与出版社联系调换。电话：0531-86131736）

奉一杯茶，让我们永怀一颗感恩的心，感恩亲人，感恩陪伴身边的一切。

当孩子走进茶的世界，就像拥有了一把钥匙，启迪智慧，懂礼明理。

这就是茶的魅力：让亲子更加和谐，营造美好的小氛围！

通过学习茶的礼仪来培养孩子们的个人修养，传承中华知识与仁德。

习茶，便是习礼，习礼便是德、行、孝、廉的小小修行。

借茶修为，以茶养德，从行走坐卧的要求里体会何为"君子"、何为"淑女"。

习茶的精要在于"静"，幼儿在行茶中必然学会专心、细致、耐心。

通过茶修的学习，小茶师们学会了分享，学会了友爱他人，期待他们将茶席中的礼仪融入生活中。

用茶中礼仪孝敬父母,用茶中礼仪谦让自己的伙伴。

茶,让我感到"青春"的气息。
茶,让我感到"清爽"的味道。
茶,让我感受"快乐"的美好。

前 言

中国乃四大文明古国之一，五千多年的中华文化源远流长。茶的故乡在中国，茶文化是中国传统文化的重要组成部分，是中国人生活中不可缺少的一部分。历史上赫赫有名的丝绸之路、茶马古道，都与茶文化息息相关。

我国著名教育家陈鹤琴先生曾提出："活教育"的目的即在于"做人，做中国人，做现代中国人"。《幼儿园教育指导纲要（试行）》（后简称《纲要》）中也提到：要引导幼儿实际感受祖国文化的丰富、优秀，激发幼儿热爱祖国的情感。在幼儿期开展中华优秀传统文化教育，培养儿童文明修养，产生对民族文化的亲切感、自豪感，形成归属感、认同感，确立"我是中国人"的观念，必将推进新时代教育改革的发展。

为了让幼儿亲近、热爱中国茶文化，了解中国茶文化常识，形成文化积淀，同时让幼儿养成良好的行为习惯、礼仪行为，我们组织一批优秀的幼教工作者，经过反复实践研究，探索适合儿童的茶艺活动，并基于儿童的生活和兴趣，共同开发了这套符合儿童年龄特点及学习规律的《儿童茶艺指导用书（幼教版）》。本书以茶具、茶叶、茶礼、茶艺四大主题内容为载体，以文化浸润、生活体验、感受表现、有机融合为核心理念，为幼教老师提供适合幼儿园的茶体验活动室、班级区域环境创设模板样间，并专门为儿童研制开发儿童茶套组。同时设计了丰富的教学活动、游戏活动和生活活动，以情感为主导，以行动作指引，调动幼儿多种感官去观察、操作、体验、感受，积极、主动地建构有关茶知识的经验体系，使幼儿养成"动止有方、虚静结合、谦卑有礼、不急不躁"的大气情怀。

中国茶文化博大精深，我们希望通过茶艺课程，让幼儿在行茶中学习茶礼，能知礼、明礼、达礼；从赏茶、备器、泡茶、敬茶到品茶，构建幼儿的秩序感，学会安静与专注，懂得对茶、水、器这些"物"要心存恭敬；从欣赏大自然的茶山、茶乡、茶树、茶叶到茶具的造型、色彩及书法绘画作品，培养幼儿的审美情趣，提升幼儿的审美能力。

儿童茶艺课程体系的研发现处于起始阶段，还存在一些缺陷和不足，恭请茶艺界和幼教界的同行批评指正。

以茶润心，以茶载礼，用茶影响孩子，让孩子影响世界！

编者

2018 年 8 月 13 日

目录

前言

第一章 茶艺课程概述 / 001

第二章 中华茶之器 / 013
教学活动一 认识儿童行茶套组 / 014
教学活动二 欣赏各种各样的盖碗 / 018
教学活动三 线描茶壶 / 021
美工区活动 捏茶壶 / 025

第三章 中华茶之叶 / 027
教学活动一 西湖龙井的传说 / 028
教学活动二 飘香群芳最——祁门红茶 / 030

教学活动三　茶树知多少／032

教学活动四　会变的茶叶／034

教学活动五　春茶／037

生活活动　香香甜甜的奶茶／038

第四章　中华茶之礼／041

教学活动一　小茶童知礼仪——《弟子规》／042

教学活动二　小茶童来分茶／045

教学活动三　小茶童习礼仪——执杯礼、品茗礼／048

教学活动四　小茶童习礼仪——请茶礼、谢茶礼／052

区域活动（茶艺区）　我是小茶童／055

生活活动　《诗经》接龙／057

生活活动　我是礼貌小茶童——请茶礼／058

游戏　小小茶童这样做／061

亲子活动　亲子茶会／061

第五章 中华茶之艺 / 063

教学活动一 音乐欣赏《采茶舞曲》/ 064

教学活动二 喝茶喽（律动）/ 066

教学活动三 布置茶席 / 070

教学活动四 茶艺欣赏——行茶十式 / 072

区域活动（美工区） 我是茶席设计师 / 078

区域活动（益智区） 茶席摆放知多少 / 078

第六章 茶艺活动课程资源 / 081

第一章

茶艺课程概述

本部分包含文化背景、核心理念、体系架构、评价方法及实施建议。教师可以通过阅读本部分内容，系统地了解本书的宗旨。在组织教学活动中，教师可将四大主题内容与幼儿园基础性课程进行融合，也选择适宜的活动融合在每周活动中实施，还可根据基础性课程主题、班级实际情况、幼儿兴趣需求调整一日活动安排，开展各类活动。

一、文化背景

习近平总书记指出，优秀传统文化是一个国家、一个民族传承和发展的根本。中华传统文化博大精深，学习掌握各种优秀传统文化，对树立正确的世界观、人生观、价值观都非常有益处。自2010年以来，教育部先后通过和印发了《完善中华优秀传统文化教育指导纲要》《关于实施中华优秀传统文化传承发展工程的意见》等文件，通过举办"寻找最美少年"大型公益活动、中华优秀传统文化网络知识竞赛等活动，把大力发展中华传统文化以及传统文化进校园作为固本工程和铸魂工程来抓。弘扬优秀传统文化，要有所选择，不断创新，认真汲取中华优秀传统文化的思想精华和道德精髓，坚定文化自信，努力实现中华传统美德的创造性转化、创新性发展。

茶文化是中国优秀传统文化的精髓，是中国人文精神的重要组成部分，体现了中国传统文化丰富、高雅、含蓄的特点。中国，是茶的故乡。茶乃中国人生活开门七件事（柴、米、油、盐、酱、醋、茶）之一，以茶为生，以茶明志，以茶会友，以茶待客，以茶施礼，以茶敬祖。茶是文人眼中的七件宝（琴、棋、书、画、诗、酒、茶）之一，从古至今，文人墨客不仅酷爱喝茶，还经常在诗词中描写和歌颂茶，留下了与茶有关的茶文、茶经、茶画等。

教师进行茶修，可以"以茶养德"，修品行、修心态、修智慧，在生活、工作中能时时澄明、自我觉知、自我修正，以达到内外兼修的美好境界。儿童茶艺课程，通过唤醒、激发、熏陶、浸润等方式，让幼儿了解茶叶（种类、历史故事、生长）、茶具（种类、名称、功能）、茶礼（礼仪、仪态）、茶艺（行茶、茶席美学、茶曲、环境）等茶文化的启蒙内容，在感知、体验和操作中进行内化于心、外化于形的文化熏陶，在高雅有趣的茶艺活动中将礼仪、礼节、礼貌融为一体，在幼儿幼小的心灵中播撒一颗"真善美"的种子，使其拥有恭敬之心、敬畏之心，培养有中国根、中国心、中国情的中国娃。

启蒙教育是中华优秀传统文化传承发展的"第一棒"，是"精神之根"的工程。以茶为载体的课程，要遵循幼儿身心发展特点、认知规律及学习特点，用儿童喜闻乐见的方式将茶文化精髓有机融合到生活中、游戏中和学习中，将蕴含博大精深的中国传统文化的"茶"种子埋在孩子们幼小的心田，将文脉传承和立德树人一体化，形成奠基幼儿后继学习和终身发展的优良学习品质。

二、核心理念

（一）文化浸润

"和"与"美"是中国茶文化的精髓。"和"是"以和为贵""和而不同"的中华文化的本质，也是茶文化的核心，"和"体现的是人与人、人与自然、人与社会以及人自我心灵的和谐关系。阴雨天不能采茶，天气晴好方可采摘；在制茶进程中，焙火不能太高，也不能太低，而要恰如其分；沏茶时，投茶量要适中，投多则茶苦，投少则茶淡；分茶时，要用公道杯给每位客人分茶，茶汤才会不偏不倚……这些都表现了一个"和"字，所以说"和"是茶道的精髓。而"美"，是茶文化追求的最高愿景，是天地人、茶水情在"天人合一""和而不同"哲学境界上的共同升华，是纯美茶叶和精美茶园的自然之美，是茶具的观赏之美，更是体现修养和修炼之功的茶韵之美。让幼儿接受茶文化的浸润，就仿佛种下一颗种子，这颗种子里包裹着恭敬、感恩、敬畏、包容。在沏茶、赏茶、闻茶、饮茶、品茶的过程中，幼儿逐渐理解、感受茶文化的精神内涵。通过茶文化的生活体验、游戏活动，幼儿从思想到行为都接受中国文化的熏陶，充满作为中国人的文化自信。

（二）生活体验

课程应以幼儿的发展为核心，而生活化是幼儿园课程的根本特性。《纲要》中也反复强调幼儿在生活中学习，在学习中生活。它既体现在活动内容的选择上，也体现在课程的组织形式上。茶，与成年人的生活息息相关，但与幼儿的生活还有距离。通过引导幼儿观察生活中长辈沏茶、饮茶，激发幼儿对茶的兴趣，学习茶文化知识、行茶及茶道礼仪，感受茶文化，体验茶文化。一是在学习方式上，让幼儿多以生活体验的方式进行赏茶、备器、泡茶、敬茶、品茶，熏修茶道礼仪。二是让茶道礼仪融入生活，如幼儿在奉茶时要懂得称呼礼仪，要双手奉茶，要说"请喝茶"，懂得续茶时要先人后己，知道敬茶时要长幼有序，先敬长者等，建立积极健康的人际关系，在生活体验中完成茶文化的学习。

（三）感受表现

茶之美无处不在：茶山茶乡茶树茶叶的天然淳朴之美，茶具的形态表面之美，品茶赏茶的优雅意境之美。茶艺活动，可以让幼儿懂得生活，学会审美并能大胆表现美。幼儿通过语言表达自己发现的美，用动作传递对美的感受，通过创作表现对美的理解，在不同形式和途径中表达，加深对茶文化的认识和理解，从而使幼儿的语言表达、动手操作、创造性表现等方面的能力得以发展，并在感受、表现过程中，养成大方得体、舒缓优雅的风度和气质，如女孩的淑女之德和男孩的中正之气。

（四）有机融合

幼儿对茶文化的认知不是割裂的，是多个领域的有机融合，如认识茶具，有对茶具名称、特征、材质认知的科学活动，有欣赏茶具、表现茶具的艺术活动，有学习执杯礼仪、敬茶礼仪的社会活动等。幼儿对茶文化的认知也是多种感官感知的有机融合，幼儿通过听、看、说、闻、触摸、体验等，获得完整的茶文化的经验。

三、体系架构

（一）目标体系

总目标：以茶为载体，基于幼儿生活，以幼儿喜闻乐见的形式渗透茶文化的精髓，让幼儿喜欢、接纳，并在幼儿心灵中播下一颗真善美的种子，培养幼儿良好的行为习惯，树立民族文化的亲切感、归属感，形成文化自信。

类别	总目标	分年龄段目标
茶具	1. 激发幼儿对茶具文化的喜爱，了解茶具的种类、名称、材质及功能。 2. 感受茶具的形态之美、表面之美、生活之美，初步提升幼儿的审美能力。 3. 培养幼儿良好的行为习惯，懂得爱护茶具，物归原处。	**小班** 1. 认识品茗杯、盖碗、公道杯，知道它们的名称、材质、用途。 2. 喜欢摆弄、探究品茗杯、盖碗、公道杯，并知道取放时应小心。 3. 对感兴趣的物品能仔细观察，发现其明显特征，具有初步探究的能力。 4. 熟悉《小茶壶》的歌曲旋律，理解歌词内容，知道茶壶的造型特征。 5. 能够积极参与，能模仿并学唱歌曲，尝试用动作表现不同茶壶的形态。 **中班** 1. 认识茶套组，知道它们的来历、功能、名称。 2. 能对各种不同材质的盖碗进行观察比较，发现其相同和不同之处。 3. 在欣赏茶套组时，关注其色彩、形态等特征。 4. 能运用绘画、手工制作等方式对茶套组进行艺术表现。 **大班** 1. 喜欢观察并乐于动手动脑，发现陶土茶具、瓷质茶具、玻璃茶具的不同之处。 2. 知道不同的茶具适合不同的茶类。 3. 简单了解养护茶具的方法，并尝试清洗茶具。 4. 知道喝完茶要清洗茶具，懂得爱护茶具，养成良好的收纳整理茶具的习惯。

续表

类别	总目标	分年龄段目标
茶叶	1. 激发幼儿对茶叶的兴趣和主动探究的欲望，了解茶叶的用途、功效特点。 2. 丰富对茶叶的情感，懂得以茶待客的恭敬之心，领略中华传统美德，感受茶文化的魅力。 3. 了解茶叶的起源和茶文化的悠久历史，培养幼儿民族自豪感。	**小班** 1. 喜欢接触茶叶，愿意主动了解茶叶的相关知识。 2. 在玩茶做茶的过程中，能够乐在其中。 **中班** 1. 通过多种感官，能对茶叶进行观察比较，发现其相同和不同之处。 2. 能够说出几种常见的中国十大名茶的名称，尝试讲述其传说故事。 3. 了解茶叶的生长变化及制作工艺，愿意主动搜集有关茶叶的信息。 **大班** 1. 能够区分六大茶类，了解其不同种类茶叶的特征。 2. 欣赏艺术作品，运用绘画、粘贴、手工制作等多种方式，了解茶叶的不同表现形式，获得愉悦的情绪体验。 3. 通过泡茶、赏茶、闻茶、饮茶、学习茶礼，增进同伴之间友谊，产生对茶叶的恭敬心，感受茶文化的魅力。
茶礼	1. 增强幼儿的自尊、自信，培养幼儿积极友善的态度和行为，激发幼儿热情好客、礼貌待人的情感。 2. 教育幼儿遵守日常生活礼仪，感受中华礼仪之邦的魅力。	**小班** 1. 保持正确的坐姿和站姿，习茶时保持平和的心态。 2. 保持良好的精神面貌，注重仪容仪表。 3. 懂得基本的茶礼貌用语，能大方地与人打招呼。 4. 愿意表达自己的想法，能口齿清楚地说出自己想说的事。 5. 习茶中注意倾听并能理解对方的话。 6. 愿意和小朋友一起游戏，能与小朋友友好相处，遵守游戏规则。 7. 尊重长辈，对他人有恭敬心。

续表

类别	总目标	分年龄段目标
茶礼		**中班** 1. 乐意与人交往，礼貌、大方，对人友好。 2. 喜欢参加各种茶活动，在活动中快乐、自信。 3. 喜欢诵读《弟子规》《茶经》，懂文明，知礼仪。 4. 愿意为大家分茶、请茶，懂得相应的礼节。 5. 知道习茶的基本礼仪，能按基本的礼仪规范自己的行为。 6. 对长辈有恭敬心。
		大班 1. 保持正确的坐姿、站姿和走姿。 2. 能有序、连贯、清楚地讲述茶经、茶诗、茶儿歌，感受其韵律美、意境美。 3. 懂得接纳、尊重他人，知道茶文化是中国的传统文化，为自己是中国人而感到自豪。 4. 能用基本准确的节奏和音调唱茶歌谣。 5. 积极参与艺术活动，愿意用表情、动作、语言等方式表达自己的理解。 6. 喜欢艺术活动，能用自己喜欢的方式大胆表达自己的感受与体验。
茶艺	1. 激发幼儿对茶艺的热爱，感受具有浓郁民族特色的中国茶文化。	**小班** 1. 喜欢听茶歌、看茶舞、赏泡茶。 2. 能被古色古香的茶环境、器具所吸引。

续表

类别	总目标	分年龄段目标
茶艺	2. 丰富幼儿的生活体验，感受茶艺多姿多彩、充满生活情趣的魅力。 3. 培养幼儿在行茶、品茶过程中感受美好意境的能力，提升审美情趣。	**中班** 1. 乐于欣赏跟茶相关的歌曲，愿意参加舞蹈表演。 2. 初步了解茶席布置的美感和秩序，喜欢茶艺环境的优雅、质朴。 3. 初步了解行茶十式的表现形式。 **大班** 1. 学习行茶十式，掌握盖碗的泡茶方法，能用行茶十式来表现茶艺的美。 2. 愿意给伙伴和家人泡茶，感受茶之美、茶之礼、茶之韵、茶之味。 3. 在看茶、识茶、泡茶、品茶过程中，感受茶文化特有的生活情趣，了解中国茶文化，萌生民族自豪感，乐于传承茶文化。

（二）内容体系

本课程方案根据已经确定的目标体系，选择幼儿园课程的内容。根据《纲要》精神，幼儿园茶文化教育的内容是启蒙性的，根据茶文化的内涵划分为茶之器、茶之叶、茶之礼、茶之艺四大版块，各版块的内容都应促进幼儿身体、社会性、认知能力、语言表达、艺术表现等多方面的发展。教育活动内容的选择体现茶文化特点，在教学方法上注重生活化、游戏化、趣味化，符合幼儿学习与发展的特点，使课程内容既有传统性、文化性，又具有趣味性和适宜性。

（三）实施体系

1. 理解茶文化理念。在使用和实施本课程时，要注重对茶文化理念的学习和理解。理念是课程的灵魂，教师要认同茶文化理念，并将茶文化理念内化于心，外化于形，才能更好地实施课程。

2. 重视四大版块内容的横向联系。茶之礼、茶之艺、茶之叶、茶之器四大版块之间是相互关联的，由此及彼，延伸扩展，自然地连成一体。如认识茶具时可以渗透茶艺，认识茶叶时可以融入茶礼，从而帮助幼儿从不同层面完成学习，系统化地建立对茶文化的感知与学习。

3. 关注幼儿生活体验。茶文化课程要融入幼儿生活，不是让幼儿生硬地模仿和认知，而是让幼儿先体验，在体验中感受，在体验中认知。通过还原幼儿的生活，帮助幼儿将零散的知识生活化。

4. 注重环境对幼儿的影响。在茶文化对幼儿的浸润过程中，环境的创设及氛围的营造必不可少。陈鹤琴先生说过："儿童教育要取得较大的效益，必须优化环境。"因此，环境是重要的教育资源，可利用园内外环境中的有效资源，促进幼儿对茶文化的感知。如在区角中布置各种精美茶席、茶具，投放各种茶叶，播放适宜的音乐，让幼儿随时随地能跟随茶香感受茶的美、雅、静。

（四）评价体系

教育评价是幼儿园教育的组成部分，是对教育实践的成效及价值做出判断的过程。做好评价工作，首先要树立科学的评价观，遵循评价的原则，采用多种评价方法。要充分理解和尊重幼儿的个体差异，让幼儿按照自己的节奏发展。对茶文化课程的评价要体现茶文化的特点，可以从以下几方面进行评价：

  1. 活动目标、内容、教学方法是否符合幼儿年龄特点。

  2. 教育内容及教学方法是否能激发幼儿对茶文化的兴趣。

  3. 幼儿是否能在日常生活中实施行茶礼仪。

四、实施建议

  在博大精深的中国传统文化中，茶文化不过是沧海一粟，但却占据着重要的位置。在幼儿园实施教学过程中，茶文化课程是为了丰富幼儿园课程，不能替代主题课程。为了让幼儿园更好地实施本课程，既不影响主题课程的实施，又能让幼儿"润物细无声"地浸润茶文化，特提出以下建议，仅供参考。

  1. 设每周"品茶日"，教师为幼儿冲泡各种茶，或让幼儿用不同材质的茶具品茶，或让幼儿尝试行茶。幼儿在这一天与茶亲密接触，感受茶的沉静与高雅，熏陶茶文化的"和"与"美"。

  2. 创设自然、清新、雅致的环境，营造高雅、悠然、和谐的氛围，让幼儿获得精神愉悦，体味高雅的品茗情趣。如配上韵律优美的中国古典名曲作为背景音乐，把茶的自然美渗透进幼儿的心灵，引发幼儿心中美的共鸣，让幼儿深切地感受高雅、温馨的气氛。

  3. 本课程注重在生活中的渗透与延伸。要积极争取家长的配合，如让小班和中班幼儿在家中为长辈或客人敬茶，大班幼儿可以在家中为长辈或客人行茶等。

  4. 依据幼儿年龄特点实施本课程。小班每周1课时，中班每周1~2课时，大班每周2课时。对于方案中提供的活动设计可根据本班幼儿对活动的兴趣和理解，灵活掌握课时。

5. 本方案中的活动设计只作为课程实施的参考，教师可根据自己对茶文化的理解和本班幼儿实际进行调整，通过实践、反思、改进、再实践，不断完善，实现自我成长。

6. 幼儿行茶可使用专为儿童设计的行茶套组。套组中茶具和茶席的设计要符合儿童年龄特点，如盖碗碗口和碗底的设计方便幼儿双手执碗及出汤，品茗杯的大小及高矮能让幼儿握于2/3处而不烫手，方便幼儿自如地进行行茶。

7. 课程资源中提供了适合幼儿倾听及诵读的《茶经》《诗经》《弟子规》等音频，以及中国古曲音乐，可引导幼儿在每天固定的时段进行欣赏跟读，如午休前或进餐时，使幼儿在耳濡目染中被厚重的文化内涵所滋养。

第二章

中华茶之器

教学活动一　认识儿童行茶套组

设计意图：

行茶套组中的茶具用途各不相同，幼儿在小班时已经对套组中的公道杯、盖碗及品茗杯等主要茶具有了初步的认识和了解。本次活动为幼儿提供符合儿童年龄特点、操作性强的儿童行茶套组组合，引导幼儿认识套组中的茶具组成、名称、功能及摆放位置，学会整理并按要求归位，在操作过程中学会爱护茶具并构建良好的秩序感，在欣赏各种茶套组的过程中，感受茶具的艺术美感。

活动目标：

1. 喜欢观赏各种行茶套组，感受不同行茶套组的美感。
2. 使用茶具时小心取放，知道爱护茶具。
3. 能说出儿童行茶套组中茶具的名称及功能，初步学会摆放及收纳。

活动准备：

儿童行茶套组一人一套、背景音乐《秋风词》、行茶套组实物展示台、课件《儿童行茶套组》。

活动过程：

一、播放课件，欣赏各种茶具套组，感受外观之美。

1. 提问：茶具中有茶壶、茶杯，还有什么？
2. 播放各种行茶套组的课件，让幼儿欣赏。

提问：各种行茶套组有什么不同？（引导幼儿从图案花色、数量、组

成等方面进行讨论）

二、出示儿童行茶套组组合，了解其名称及用途。

1. 出示实物，认识行茶套组中茶具的名称和功能。

提问：在这套茶具"大家庭"中，你认识哪些茶具？它们有什么功能？你想认识哪个茶具？

2. 游戏：看谁找得快又对。

玩法：教师拍手说儿歌"小朋友，我问你，品茗杯在哪里"，幼儿边说儿歌"老师，我告诉你，品茗杯在这里"，边快速找到对应的茶具，并依次找到其他茶具。

3. 小结：在儿童行茶套组中，茶席是用来摆放茶具的，它展现的是茶道之美；主泡器是盖碗，是泡茶用的，放在碗托上；茶罐是用来存放茶叶的；品茗杯是喝茶品茶用的，放在杯托上；水盂是盛放废水的；公道杯是为了均衡茶汤用的，先把茶汤全部倒入公道杯中，然后再分到杯中，这样每个人分到的茶都是一样的，同时还可以沉淀茶渣、茶末；茶巾是喝茶之前用来将茶壶或盖碗底部的水擦干，也可擦滴落在茶席上的茶水；茶则是把茶从茶罐取出放入茶壶或盖碗时量取茶叶的量具；茶针是将茶则中的茶叶拨入茶壶或盖碗中的工具，还可以在壶嘴被茶叶堵住时用来疏通壶嘴。

三、学习茶席布置，感受茶席之美。

1. 播放背景音乐，教师布置茶席并讲解，幼儿欣赏。

小结：盖碗摆放在茶席中间，茶罐摆放在茶席左上角，品茗杯依次摆放在茶罐的左侧，水盂摆放在茶席的右上角，公道杯摆放在盖碗和水盂中间，这三个茶具形成一条直线。茶巾摆放在茶席的右下角，茶则摆放在茶席的右下角旁边，茶针摆放在茶则下面。茶席布置，可根据茶人的品味或客人的不同需要来摆放，茶席布置显现了茶人的审美情趣。

2.让幼儿布置茶席，观看课件中"净茶席构图"。

要求：轻拿轻放，爱护茶具。

四、幼儿整理茶具，物归原处。

茶包是专门存放茶具的家，你们能找到茶具的家吗？

五、播放背景音乐，教师行茶，幼儿品茶，感受茶文化魅力。

活动延伸：

鼓励幼儿回家观察家中的茶套组，并通过说一说、画一画的方式与好朋友交流。

活动建议：

1.在茶体验区投放5套茶套组，与幼儿制定使用规则。

2.创设环境，将活动中的茶套组图片放置在语言区和茶体验区，便于幼儿观察交谈，来更好地开展游戏活动。

活动资源：

儿童行茶套组介绍

第二章 中华茶之器

茶针、茶则
选用福建南平地区的野生毛竹，
手工削和打磨制成，
与白瓷器具搭配尽显自然清雅。

茶巾
纯棉绉皱面料，
茶席间摆放质感突显，
吸水性越好，
颜色为高级深灰，耐脏且美观。

茶席
茶席面料选用出口标准的
双经双纬全棉帆布，
手工暗缝，双面高温定型，
结实耐用，不怕渗水，
不湿茶台，颜色深蓝，
与白瓷器具完美搭配。

布包

净茶席构图

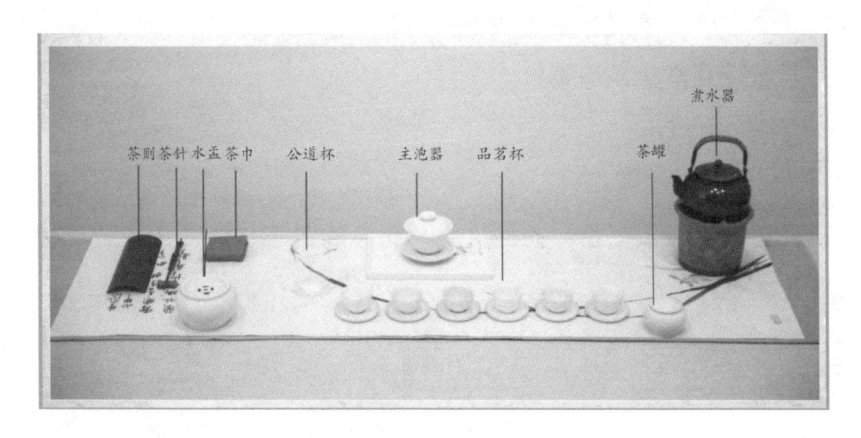

茶则 茶针 水盂 茶巾　公道杯　主泡器　品茗杯　茶罐　煮水器

17

课件：《儿童行茶套组》　　　　背景音乐：《秋风词》

教学活动二　欣赏各种各样的盖碗

设计意图：

盖碗上有盖、下有托、中有碗，是用来冲泡茶叶的器具。盖碗的材质有瓷、紫砂、玻璃等，以各种花色的瓷盖碗为多。中班幼儿对于茶具已经有了粗浅的认知，为了更好地了解盖碗的由来及种类，可以让幼儿尝试用盖碗泡茶，引发幼儿对行茶活动的喜爱。本节活动可使幼儿在泡茶、品茶、敬茶的过程中更加喜欢茶文化，并在日常生活中做一个知礼、懂礼的好孩子。

活动目标：

1. 感受用盖碗泡茶的乐趣，知道行茶时动作要大方、优雅、有礼。

2. 喜欢赏茶、备器，整理收纳。

3. 尝试用儿童盖碗泡茶。

活动准备：

行茶套组、茉莉花茶、各种材质和花色的盖碗、课件《欣赏各种各样的盖碗》、背景音乐《秋风词》。

活动过程：

一、出示不同材质、图案的盖碗。

提问：你们知道这些茶具的名称吗？它们有什么不同？

小结：盖碗样式有多种，根据材质可分为紫砂盖碗、陶瓷盖碗、玻璃盖碗和玉质盖碗，花色各异，深受人们喜爱。

二、播放课件，欣赏各种各样的盖碗图片。

提问：盖碗是干什么用的？

小结：盖碗最初是人们用来喝茶的茶杯，后来人们发现用它代替茶壶当主泡器更加方便和美观，因此成为泡茶的器具。

三、用白瓷盖碗尝试泡茶，体会泡茶的乐趣。

1.播放背景音乐，教师演示行茶十式，幼儿观看。

2.幼儿用盖碗泡茶（空泡）。

泡茶方法：（1）右手执杯盖，逆时针将杯盖放在盖碗碗托右侧，左手执壶注水，将每一片茶叶完全浸润。（2）右手执杯盖，顺时针将杯盖放回盖碗，在六点钟方向留出出水的缝隙，便于出水。（3）双手托起盖碗，右手拇指压住碗盖，四指并拢托碗底，右手执杯于胸前逆时针向右前方画弧线，将茶汤倒入公道杯中。出汤时要面冲自己，以示对客人的尊敬。（4）右手顺时针执杯收于胸前，双手托杯放下盖碗。

3.幼儿分组尝试用盖碗泡茶，体会泡茶的乐趣。

泡茶的水温在70℃左右，提醒幼儿注意安全。

活动延伸：

观察家中盖碗的材质及花色，在家人指导下用盖碗泡茶。

活动建议：

在茶体验区投放盖碗，开展行茶体验活动。

活动资源：

盖碗泡茶常见手法介绍

三指法：目前使用最普遍的拿盖碗的手法，是以三只手指拿捏盖碗，称为"三指法"。因为此种手法看起来比较优雅柔美，所以很多女性都喜欢用这种手法。盖碗的顶端有盖钮，就是开盖时我们手捏的地方。出汤的时候，可用盖子调整开口大小，食指放在盖钮上，拇指和中指抓住碗沿的两侧，无名指和小指弯曲并在中指边上，不与盖碗接触。盖碗垂直过来，即可出汤。注意：无名指和小指不可翘起，这是茶艺中的大忌，否则会显得轻浮。如果拿法不对，很容易烫手，需要多加练习，找准位置。

抓碗法：调整好盖子开口的大小，拇指按住盖钮，其他手指贴住盖碗底部，盖子的方向朝自己，盖碗垂直过来，即可出汤。此种手法操作简单，一手即可掌握，显得豪迈、大气，多为男士使用。幼儿园小朋友建议用此方法操作。

各种各样的盖碗

白瓷盖碗　　　　　　　　　玻璃盖碗

瓷质盖碗　　　　　　　　　　漆器盖碗

课件：《欣赏各种各样的盖碗》　　背景音乐：《秋风词》

教学活动三　线描茶壶

设计意图：

茶壶以其独特的造型和丰富的图案带给人美的享受，也深受小朋友的喜爱。线描画的装饰性强，能充分表达儿童的童趣、灵性和丰富的想象力，用线描画来装饰茶壶，能使线条变化的节奏韵律美与中国茶壶的古典美完美融合。根据中班幼儿年龄特点和能力水平，让幼儿用线描画的方法表现自己喜欢的茶壶造型，可以进一步感受茶壶线描画线条与花纹之美。

活动目标：

1. 能用点、线条、图案的不同组合对茶壶进行大胆装饰。

2. 喜欢各种各样的茶壶，感受线描画中茶壶的美，体验线描画所带来的快乐和成就感。

活动准备：

课件《线描茶壶》，画有各种茶壶轮廓的图画纸，记号笔每人一支，背景音乐《秋风词》。

活动过程：

一、说一说：生活中见到的茶壶是什么样子的。

二、看一看：播放课件，欣赏线描茶壶。

提问：

1. 你看到了哪些形状的茶壶？

2. 茶壶的图案一般在茶壶的哪个部位？

3. 茶壶身上的图案是什么样子的？

三、画一画：尝试用点、线条、图案的组合方式进行线描画。

1. 教师示范。运用点、线条、图案的组合作画方式装饰茶壶。

提问：老师画的点是一样的吗？画了几种线条？有哪些图案？

2. 个别幼儿示范。

提问：你能画出和老师不一样的点、线条或图案吗？它们可以怎样组合？

3. 播放背景音乐，幼儿作画。

指导语：小朋友装饰的时候可以运用不同的点、线条、图案进行组合，线条可以有粗有细，疏密结合，图案可以按照一定的规律进行装饰，这样的设计会更加生动。

四、讲一讲：展示作品，师幼欣赏，评价交流。

1. 幼儿互相交流自己的作品，鼓励幼儿大胆描述自己的绘画作品。

2. 幼儿互评：你最喜欢谁装饰的茶壶？为什么？

活动建议：

1. 可以在美工区张贴茶壶线描画的作画流程。

2. 环境布置，将幼儿完成的茶壶线描画进行展示。

活动资源：

儿童线描画

儿童线描画可以从最简单的线条开始，讲述各种基本的图形，然后教他们识别各种线描画中的图形，再用彩笔在现有的线描画中勾勒、描摹图形，逐步熟悉并展开想象力，由简入繁，逐步画一些比较复杂的线条画。

课件：《线描茶壶》　　　背景音乐：《秋风词》

美工区活动 捏茶壶

活动经验：

1. 大胆想象，用自己的方式制作茶壶，并乐意把自己的作品分享给小伙伴。

2. 运用团、搓、捏、拼接等方式制作创意小茶壶，体会泥工活动带来的乐趣。

活动材料：

1. 茶壶图片、各种茶壶实物。

2. 操作材料：彩色黏土、白纸、彩色卡纸、水彩笔。

指导建议：

1. 观看不同茶壶的图片，观察其特征，激发幼儿的兴趣。

2. 根据图片内容，说一说、画一画自己眼中茶壶的样子。

3. 尝试用彩泥制作小茶壶。

制作步骤：

第一步：用黏土搓出茶壶的各个部分，如壶体、壶盖、壶把。

壶体：捏个茶壶圆圆肚。

壶盖：捏个帽子是壶盖。

壶把：弯弯的月牙是壶把。

第二步：搓黏土条做壶嘴，头部稍细，尾部压扁。

壶嘴：头部尖尖是壶嘴。

第三步：将壶嘴、壶把、壶盖粘到圆球形的壶体上。

教学资源：

图片：捏茶壶　　　　背景音乐：《秋风词》

第三章

中华茶之叶

教学活动一　西湖龙井的传说

设计意图：

西湖龙井是中国十大名茶之一。每一种茶都有一段历史悠久的传说故事，让幼儿了解茶的传说，就是了解中国的传统文化。通过故事，让幼儿感受茶叶的魅力，培养幼儿良好性情，提高幼儿的审美能力。

活动目标：

1. 理解故事内容，了解西湖龙井的来历。
2. 能口齿清晰地讲述西湖龙井的传说故事。
3. 了解中国的茶文化，感受茶叶的魅力。

活动准备：

课件《西湖龙井的传说》，西湖龙井茶，背景音乐《秋风词》，故事音频《西湖龙井的传说》。

活动过程：

一、出示西湖龙井茶，请幼儿观察外形特征。

提问：你们知道这是什么茶吗？它是什么颜色的？形状又是怎样的？

二、播放课件，欣赏故事《西湖龙井的传说》，了解西湖龙井的来历。

1. 欣赏故事音频第一部分，引发幼儿思考。

提问：乾隆皇帝为什么要匆匆赶回京城？他从杭州狮峰山下带了什么回去？

2. 欣赏故事音频第二部分，了解西湖龙井的功效。

提问：为什么太后说"杭州龙井的茶叶，真是灵丹妙药"？

三、将幼儿分成小组，自由讲述《西湖龙井的传说》。

先以小组为单位共同回顾故事，然后每组请一名代表到台前给大家讲述故事。

四、播放背景音乐，教师泡龙井茶，幼儿品尝。

活动建议：

根据幼儿特点，在班级内进行有关图书的投放，包括中华茶文化、茶的起源和发展以及茶文化的小故事等。

活动资源：

西湖龙井的传说

乾隆皇帝下江南时，来到杭州龙井狮峰山下看乡女采茶，以示体察民情。

这天，乾隆皇帝看见几个乡女正在十多棵绿茵茵的茶蓬前采茶，心中一乐，也学着采了起来。刚采了一把，忽然太监来报："太后有病，请皇上急速回京。"乾隆皇帝听说太后娘娘有病，随手将一把茶叶向袋内一放，日夜兼程赶回京城。

其实太后只因山珍海味吃多了，一时双眼红肿，胃里不适，并没有大病。此时见皇儿来到，只觉一股清香扑鼻，便问带来什么好东西。皇帝也觉得奇怪，哪来的清香呢？他随手一摸，啊，原来是杭州狮峰山的一把茶叶，几天过后已经干了，香气就散出来了。

太后便想尝尝茶叶的味道。宫女将茶泡好，送到太后面前，果然清香扑鼻。太后喝了一口，双眼顿时舒适多了，喝完了茶，红肿消了，胃不胀了。

太后高兴地说："杭州龙井的茶叶，真是灵丹妙药。"乾隆皇帝见太后这么高兴，立即传令下去，将杭州龙井狮峰山下胡公庙前那十八棵茶树封为御茶，每年采摘新茶，专门进贡给太后。至今，杭州龙井村胡公庙前还保存着这十八棵御茶,到杭州的旅游者中有不少还专程去察访一番,拍照留念。

课件:《西湖龙井的传说》 背景音乐:《秋风词》 故事:《西湖龙井的传说》

教学活动二 飘香群芳最——祁门红茶

设计意图:

祁门红茶是中国历史名茶,素有"红茶皇后"之称。让幼儿通过观察祁门红茶的外形特征以及冲泡后茶叶的变化、茶汤的颜色,激发幼儿对茶叶的兴趣和主动探究的欲望。

活动目标:

1. 知道祁门红茶是中国十大名茶之一,并了解其名字的来历。

2. 初步感知祁门红茶的颜色、形状和味道,以及泡水后茶叶的变化、茶汤的颜色,产生对茶叶的探究兴趣。

活动准备:

实物——祁门红茶,课件《祁门红茶》,背景音乐《秋风词》,茶具(其中,小茶杯人手一个),水,投影仪,故事音频《祁门红茶的由来》。

活动过程：

一、观察祁门红茶。

1. 出示祁门红茶，请幼儿观察，引导幼儿大胆发表自己的意见。

提问：今天老师带来一种茶叶，请小朋友仔细观察一下，它是什么颜色的？形状又是怎样的？闻一闻，有什么样的味道？

二、了解祁门红茶名字的由来。

1. 播放教学课件，欣赏故事音频，了解祁门红茶名字的由来。

2. 提问：祁门红茶属于哪一茶类？产自哪里？有什么美称？

三、欣赏茶艺，观察茶汤。

1. 播放背景音乐，教师泡茶，请幼儿欣赏。

2. 通过投影仪，请幼儿观察茶叶泡水后的变化和茶汤的颜色。

提问：茶叶泡在水里后有什么样的变化？茶水是什么颜色的？想一想，和之前见过的茶水颜色有什么不同？

四、品茶香，谈感受。

教师将茶水分给每位幼儿一小杯，请幼儿品尝，谈谈祁门红茶的味道。

活动建议：

将祁门红茶投放在区角"小茶社"，幼儿可自主进行观察，泡茶。

活动资源：

祁门红茶的由来

相传，王母娘娘喝了神农带来的茶叶后开心不已，便问这是什么宝物。神农说这是奇宝，产于奇山奇门。神农回到人间后，把此宝物交给了安徽山区的一对年轻夫妇种植，并嘱咐他们，不要随便对外人泄露秘密。

第二年,"奇宝"树就开始生长,并且开花结果。周围的人都慕名而来,这对夫妇就用叶子煮了一锅汤给大家喝。当时天空霞光四射,汤水也呈现出红色,无比清香,并能提神解乏。于是人们就把这个山冈称为"奇山",把夫妻俩的家门称为"奇门"。这就是祁门红茶的来历。

祁门红茶是红茶中的极品,香名远播,有"群芳最""红茶皇后"的美称。

祁门红茶的冲泡方法

1. 冲泡水温:选择80°～90°的开水冲泡。
2. 冲泡用水的选择:最好是纯净水或者矿泉水。
3. 冲泡器具的选择:通常选用紫砂茶具、白瓷茶具。
4. 冲泡祁门红茶一般采用壶泡法。首先把茶叶放在茶壶中,加水冲泡,冲泡的时间为10～20秒,然后慢慢将茶汤注入茶杯中,使茶汤浓度均匀一致。

课件:《祁门红茶》　背景音乐:《秋风词》　故事:《祁门红茶的由来》

教学活动三　茶树知多少

设计意图:

茶树有很多种类。此活动可以让幼儿对茶树在起源、生长环境、形状、分类等方面有一个全方位的了解,激发幼儿对茶树、茶叶探索的兴趣。

活动目标：

1. 在故事中了解茶树的起源，乐于进一步对茶树、茶叶进行探索。

2. 了解茶树的分类和不同茶树的样子，知道茶树有不同的种类。

活动准备：

课件《茶树的传说》、油画棒、画纸、背景音乐《秋风词》、故事音频《茶树的传说》。

活动过程：

一、欣赏故事音频《茶树的传说》，激发幼儿对茶树的探索兴趣。

1. 教师讲述故事，幼儿了解关于茶树的传说。

2. 提问：故事中的獐鼠怎么了？

3. 提问：这只可怜的獐鼠病好了吗？为什么好了？

二、播放课件，了解茶树。

1. 教师出示茶树图片。

指导语：茶树常呈丛生灌木状，嫩枝具细毛；叶薄革质，椭圆状，披针形或长椭圆形，叶脉明显，先端钝尖，背面有时有毛。

2. 茶树的分类。

（1）按照自然生长情况下植株的高度和分枝习性，可分为乔木型、小乔木型、灌木型。

（2）树叶分类：特大叶类、大叶类、中叶类和小叶类。

（3）树种分类：早芽种、中芽种和迟芽种。

3. 茶区分布：华南茶区、西南茶区、江南茶区、江北茶区。

三、播放背景音乐，画茶树。

引导幼儿将看到的茶树画到纸上，同时鼓励他们大胆发挥想象。

活动建议：

1. 把幼儿的作品张贴在教室，引导幼儿欣赏同伴的作品。

2. 关于茶叶的由来，还有许多有趣的故事，请幼儿回家后让爸爸、妈妈帮助查找资料，下次活动时请小朋友们讲讲关于茶叶的故事。

活动资源：

茶树的传说

传说，炎帝神农氏经常到大山里去采药，每次他都会随身带着一只獐鼠。一天，獐鼠吃了巴豆，肚子疼得很厉害。神农氏把它放在一棵青树下休息。第二天醒来，神农氏发现獐鼠奇迹般地好了。原来是獐鼠晚上在青树下休息时吸吮了青树上滴落的露水，这露水像有魔法一样解了獐鼠的毒。这棵青树就是茶树。从此，茶树的作用就被大家广为传播了。

课件：《茶树的传说》　背景音乐：《秋风词》　故事：《茶树的传说》

教学活动四　会变的茶叶

设计意图：

为了让幼儿了解到茶叶的多种用途，可以变废为宝，将泡过的茶叶晾干后让幼儿在愉快的活动中大胆想象，用添画的形式将不同形状的茶叶进行粘贴、添画，体会茶叶添画活动的趣味性，发展幼儿的想象力和创造力。

活动目标：

1. 观察茶叶的不同形状，大胆发挥想象进行粘贴、添画。

2. 能运用多种材料进行创作。

活动准备：

将泡过的茶叶铺平后晾干备用，茶叶添画范画，画纸，彩色画笔，《会变的茶叶》图片，背景音乐《秋风词》。

活动过程：

一、出示各种茶叶，请幼儿观察茶叶的外形特征。

提问：你们知道这是什么茶叶吗？它是什么颜色？什么形状？

二、学习粘贴画，体会创作的快乐。

1. 出示范画，请幼儿观察，并引导幼儿仔细观察粘贴画制作过程。

提问：茶叶真神奇，形状各不同，看我们把茶叶拼摆在一起会变成什么？

（1）欣赏图片，请幼儿观察，鼓励幼儿大胆发表意见。

提问：这幅画上有什么？是用什么做的？

（2）教师介绍制作粘贴画的方法，并提出要求。

根据茶叶的形状，进行拼摆、组合，展开想象，大胆作画。

三、播放背景音乐，幼儿尝试作画，教师巡回指导。

1. 请幼儿说说自己拼摆的是什么，是怎样拼摆的，以相互启发催生更好的创意。

2. 请幼儿适当调整或重新组合，粘贴，添画，美化自己的作品。注意将胶水涂抹在叶子的反面，并涂抹均匀。茶叶要轻压，防止碎裂。

3. 教师对不同水平的幼儿分层指导。

四、作品展示，分享交流。

举办幼儿"'会变的茶叶'作品展"，让幼儿互相欣赏评价。

活动资源：

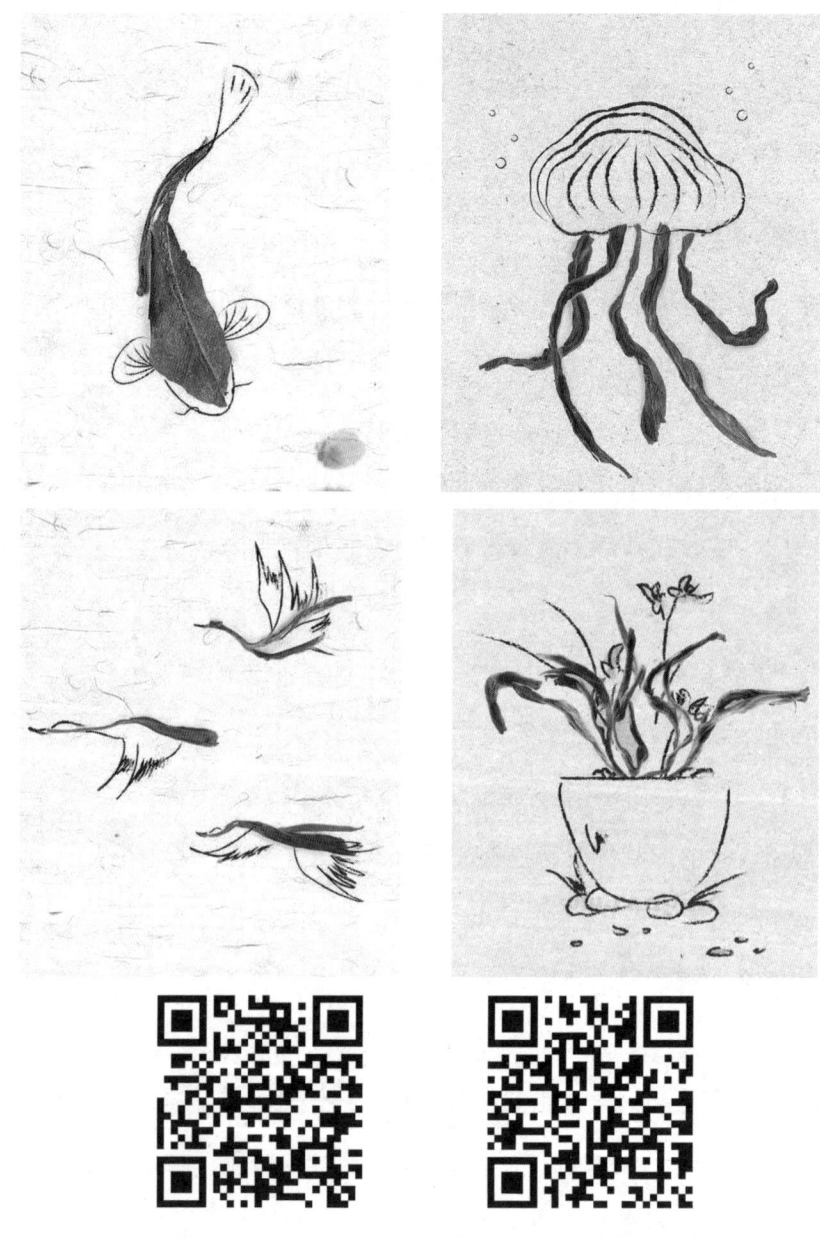

图片：会变的茶叶　　背景音乐：《秋风词》

教学活动五　春茶

设计意图：

绘本故事《春茶》讲述了采茶、制茶的过程，让没有见过茶山的孩子通过绘本走进茶山，亲近自然。从绘本中可以看到茶的三次生命中的前两次：第一次是茶树的生长，第二次是在茶农采摘、翻炒、揉捻后而形成的茶叶。此活动通过绘本让幼儿了解采茶、制茶的过程，亲近茶文化。

活动目标：

1. 喜欢倾听故事，了解茶叶的生长环境以及采茶、制茶的过程。
2. 产生对茶叶的敬畏之心，从心底爱惜每一片茶叶。

活动准备：

故事课件《春茶》、绿茶、茶具、水、背景音乐《仙翁操》。

活动过程：

一、教师出示茶叶，请幼儿观察。

提问：小朋友，你喝过茶吗？喝过什么茶？这是什么茶？你知道茶叶生长在哪里吗？

二、播放课件，教师讲述故事的第一部分，让幼儿了解茶树的生长环境及如何采茶。

提问：茶树生长在什么地方？应该怎样采茶？谁来模仿一下采茶的动作？（请几名幼儿上前表演采茶动作）

小结：茶树生长在山上的茶园里，采茶不能用指甲，要用巧劲儿往上提。

三、教师讲述故事的第二部分，让幼儿了解制茶的过程。

提问：制茶时，茶叶要炒几遍？有哪几步？请来模仿一下炒茶的几个步骤。（请几名幼儿上前表演炒茶的动作）

小结：茶叶要炒两遍，要经过采摘、摊晒、青锅、分筛、簸皮这几个步骤。

四、教师泡茶，请幼儿观察茶叶泡水后形态的变化。

小结：比较茶叶泡前泡后的变化。泡前茶叶干干的、硬硬的，很紧实；经过冲泡以后，茶叶舒展开来，变得软软的。

五、播放背景音乐，幼儿品茶，并谈谈感受。

慢慢品尝茶的味道，再结合故事内容感受中国茶文化的魅力。

活动建议：

将绘本投放到图书区，供幼儿阅读与交流。

课件：《春茶》　　背景音乐：《仙翁操》

生活活动　香香甜甜的奶茶

活动经验：

1. 乐于自己动手制作奶茶，并从中体会制作的快乐。

2. 初步对茶叶及茶饮品感兴趣。

活动材料：

奶茶、红茶包、牛奶、白糖、微波炉。

指导建议：

1. 教师给幼儿分发奶茶，请幼儿品尝，谈谈味道。

2. 认识制作奶茶的材料：红茶包、牛奶、白糖、水。

3. 教师示范制作奶茶的步骤。

（1）将红茶包放入杯中，倒入开水浸泡三分钟。

（2）将牛奶在微波炉中加热一分钟，倒入红茶水中，搅拌均匀。

（3）撒入少许白糖，搅拌，使糖充分溶解在奶茶中。

4. 幼儿操作，教师指导，提醒幼儿注意卫生和安全。

第四章

中华茶之礼

教学活动一　小茶童知礼仪——《弟子规》

设计意图：

《弟子规》是传承中国文化的经典著作之一，是依据"至圣先师"孔子的教诲而编成的生活规范。借助《弟子规》的教义，不仅能培养幼儿爱亲敬长的意识和诚实守信的做人品格，更重要的是帮助幼儿形成良好的行为习惯。我们在"茶礼"的教学中，融入《弟子规》的教育精髓，将中华的孝道礼仪植根于幼儿内心，为幼儿形成良好的行为习惯奠定基础。

活动目标：

1. 感受《弟子规》的韵律，喜欢诵读《弟子规》。

2. 知道要做一个孝敬父母、懂礼貌、守信用的孩子。

活动准备：

音频《弟子规》，故事音频《黄香孝亲》《宋濂诚实守信》，儿歌音频《我的好妈妈》。

活动过程：

一、幼儿欣赏《弟子规》音频，引出"学礼"主题。

1. 播放《弟子规》音频，请幼儿欣赏。

指导语：今天，老师带来一段好听的音频，请小朋友仔细听。

2. 提问：你听过刚才这段音频吗？在哪里听过？知道它叫什么名字吗？

3. 小结：我们刚才听的是《弟子规》，是传承中国文化的经典著作之一。《弟子规》从最基础的行为规范教育入手，将怎样孝敬父母、礼貌待人、诚信做事等编成三字一句形式，简单通俗的语言容易背诵。"弟子"的意思，一是指孩子，二是指学生，"规"是规范的意思。

二、学习《弟子规》第一段，知道要做懂礼貌、知礼仪的孩子。

（一）理解"弟子规，圣人训"的含义。

1. 出示孔子图片，认识孔圣人。

2. 提问：你们认识他是谁吗？

3. 小结：孔子，被世人尊为"至圣先师"。他是古代儒家学派的创始人，著名的思想家、教育家。《弟子规》就是依据孔子的教诲编写而成的。

（二）理解"首孝悌，次谨信"的含义。

1. 欣赏故事《黄香孝亲》，知道"首孝悌"的含义。

提问：故事中的黄香为父亲做了哪些事情？他为什么要这样做？你为父母做过哪些事情？

小结：爸爸妈妈是我们最亲近的人。孝敬父母，要注意多从身边的小事做起，从一点一滴做起。比如，当父母累了的时候，我们为他们端一杯茶。

2. 欣赏故事《宋濂诚实守信》，了解"次谨信"的含义。

指导语：除了要孝敬老人，我们还要规范自己的言行举止，诚实待人，不说谎话，这样才能得到别人的信任和尊重，才能把事情做好。

3. 跟录音朗诵《弟子规》第一段内容。

三、播放儿歌《我的好妈妈》，请幼儿欣赏教师请茶。

指导语：在这首歌里，小朋友为劳累工作的妈妈奉上了一杯茶。请父母喝茶时要这样行请茶礼，小朋友回家也可以为爸爸妈妈奉一杯茶，缓解他们的疲劳。

活动建议：

1. 知道孝敬父母从点滴小事做起，在家尝试为父母奉上一杯茶。

2. 在图书区投放《弟子规》，让幼儿不仅会诵读经典著作，还了解其真正含义。

3. 每天午睡起床后或放学前，设置听读《弟子规》时间，每次10分钟。

活动资源：

黄香孝亲

东汉时的黄香，是历史上公认的"孝亲"典范。黄香小时候，家境困难，10岁失去母亲，父亲多病。闷热的夏天，他在睡前用扇子赶打蚊子，扇凉父亲睡觉的床和枕头，以便让父亲早一点入睡；寒冷的冬夜，他先钻进冰冷的被窝，用自己的身体暖热被窝后再让父亲躺下。

冬天，他穿不起棉袄，为了不让父亲伤心，他从不叫冷，表现出欢呼雀跃的样子，努力在家中营造一种快乐的气氛，好让父亲宽心、早点康复。

宋濂诚实守信

明代名臣宋濂小时候很喜欢读书，但是他家里很穷，没钱买书，只好向人家借。每次借书，他都讲好期限，按时还书，从不违约，所以人们都乐意把书借给他。

有一次，他借到一本书，越读越爱读，就想把它抄下来。可是还书的期限快到了，他只好连夜抄书。当时正是隆冬腊月，滴水成冰。母亲见小宋濂这么辛苦，就劝他说："孩子，都半夜了，这么冷，天亮再抄吧！人家又不是等这本书看。"宋濂扬起头来，一本正经地对母亲说："不管人家等不等这本书看，到了期限就要还，这是个信用问题，也是尊重别人的表现。如果说话做事不讲信用，失信于人，怎么可能得到别人的尊重？"

有一次，宋濂要去远方向一位著名学者求教。因为找这位学者求教的人很多，所以事先就约定好了见面的日期。谁料出发那天，下起了鹅毛大雪，但宋濂就好像没有看见一样，挑起行李就准备上路。母亲惊讶地拦住他说：

"孩子啊,这样的天气怎么能出远门呀?再说,老师那里早已经大雪封山了,路肯定不通。你就这一件旧棉袄,怎么能抵御得住深山里的严寒呢?"宋濂耐心对母亲解释道:"娘啊,我也知道天冷雪大路不好走,可是今天要是不出发,就会误了拜师的日子,这就是失约。失约,就是对老师的不尊重啊!风雪再大,我都得上路!"

当宋濂冒着严寒出现在老师面前时,老师由衷地称赞道:"这样守信好学的年轻人,将来必定有出息!"

音频:《弟子规》　　　　　音频:《我的好妈妈》

故事:《黄香孝亲》　　　　故事:《宋濂诚实守信》

教学活动二　　小茶童来分茶

设计意图:

《指南》中指出:幼儿在与成人和同伴交往的过程中,不仅学习如何与人友好相处,也在学习如何看待自己、对待他人,不断发展适应社会生活的能力。幼儿的社会性培养主要是在日常生活和游戏中通过观察和模仿潜移默化地发展起来的。教师和家长应注重自己言行的榜样作用，避免简单生硬的说教。通过习茶的练习，让幼儿从分茶的细节中端正自身的言谈举止，懂得待人公正平等，培养幼儿认真严谨的小茶人态度，知道做事有秩序、有规矩。

活动目标：

1. 了解分茶的步骤与方法，初步尝试用公道杯进行分茶，体会分茶的乐趣。

2. 感受习茶的基本礼仪，懂得待人公正平等，怀有恭敬之心。

活动准备：

茶具（每人一套）、摸箱、课件《小茶童来分茶》、分茶图片、背景音乐《仙翁操》。

活动过程：

一、谈话导入，激发幼儿学习兴趣。

1. 出示摸箱，猜猜里面可能会有什么。（茶壶、茶杯）

2. 幼儿验证摸箱结果。

3. 提问：茶壶、茶杯能用来干什么？你喝过茶吗？你看见家人是怎样分茶的？

二、观察模仿，学习分茶。

1. 教师现场演示分茶，请幼儿认真欣赏。

指导语：今天老师带来了一壶茶，分享给小朋友。

2. 提问：老师是怎样分茶的？

3. 教师播放课件，示范讲解正确的分茶方法。

小小公杯手中拿，头正肩平身挺直，公杯倒茶不冲客，茶满不易喝入口。

4. 播放背景音乐，请幼儿模仿分茶动作，尝试分茶，教师巡回指导。

5. 小结：分茶时，要做到每位客人茶水水量一样多，以示公正平等。茶水不要倒满，这样才能表达出对客人的恭敬之心。

三、游戏：邀请小客人。

通过游戏，邀请小客人喝茶。幼儿分茶、请茶，小客人谢茶、喝茶。游戏可轮流进行。

活动建议：

为幼儿创造交往的机会，体会交往的乐趣。

1. 利用走亲戚、到朋友家做客或有客人来访的时机，鼓励幼儿给客人分茶。

2. 将分茶图片张贴在茶主题区域中，幼儿模仿邀请客人喝茶。

活动资源：

分茶步骤

1. 头正，双肩放松，身体挺直，呼吸自然。

2. 用右手进行分茶。

3. 用公道杯依次把茶倒入品茗杯，注意公道杯不应朝向客人，茶倒七分满。

课件：《小茶童来分茶》　　图片：分茶　　背景音乐：《仙翁操》

教学活动三　小茶童习礼仪——执杯礼、品茗礼

设计意图：

中国茶文化的精髓是茶道，而茶道的精髓是茶礼。幼儿通过学习茶礼，懂得与人交往的基本仪礼。本节活动通过加强幼儿手指握杯的能力，学习执杯礼和品茗礼的要领。

活动目标：

1. 习茶中保持专注、认真、积极的态度，知道习茶礼中要讲究卫生、尊重他人。

2. 学习习茶礼中执杯礼和品茗礼的基本动作要领，体验其中蕴含的文明礼仪。

活动准备：

盖碗茶具一套、品茗杯人手一只、白茶、背景音乐《仙翁操》、课件《执杯礼、品茗礼》。

活动过程：

一、播放背景音乐，教师演示行茶十式，用盖碗为幼儿泡白茶。

1. 请幼儿品尝，在幼儿喝茶的过程中，教师用拍照或录像的方式记录幼儿执杯的动作。

2. 教师播放课件，回放照片和录像，请幼儿说说自己是如何端茶的。

二、学习执杯礼、品茗礼。

1. 通过课件展示执杯礼、品茗礼，请幼儿欣赏并回答问题。

提问：喝茶的小茶人，他们手拿杯子的方式和我们不一样，请小朋友们仔细观察。

2. 教师演示执杯礼，幼儿模仿动作。

提问：小朋友是怎样拿杯子的？手指是什么样的？喝茶时是怎样的？

小结：执杯礼是用拇指和中指夹住杯沿，无名指托住杯底，三根手指像三条龙一样盘旋在品茗杯上。这样拿杯非常稳，不容易滑落。

模仿：幼儿学些执杯礼的基本动作。

我们一起来试一试正确的执杯礼吧！

3. 教师演示品茗礼，幼儿模仿动作。

（1）提问：正确的品茗礼姿势是怎样的？

喝茶也有礼仪，拿杯喝茶的礼仪叫品茗礼。

（2）教师一边讲解手拿杯的姿势，一边指导幼儿进行品茗礼的练习。

（3）请幼儿上来模仿、体验。

（4）小结：端起品茗杯，分三次啜饮，慢慢喝，然后下咽，品尝其中的味道。小朋友们可以试着按这样的方式喝茶。

三、小结。

中国人从古到今都非常讲究文明礼仪。习茶中，我们用执杯礼、品茗礼表达对朋友的礼貌和尊重。相信小朋友们在生活中也能处处遵守这样的礼仪，做一个文明有礼的好孩子。

活动建议：

1.与家人分享执杯礼和品茗礼的动作要领，增进亲子互动。

2.在区域活动中投放品茗杯，并在主题墙内粘贴执杯礼和品茗礼的图片，让幼儿在活动中自主练习。

3.在日常生活中，提醒幼儿吃饭要细嚼慢咽、喝茶要分三次喝完。

活动资源：

执杯礼要领：执杯礼是用拇指和中指夹住杯沿，无名指托住杯底，三指如龙，茶杯作鼎，称为"三龙护鼎"。

执杯礼

品茗礼

课件：《执杯礼、品茗礼》　　背景音乐：《仙翁操》

教学活动四　小茶童习礼仪——请茶礼、谢茶礼

设计意图：

根据幼儿园指导纲要，在活动中，以多种方式引导幼儿认识并理解基本的社会行为规则，学习自律和尊重他人。因此，重视规范幼儿行为，加强其礼貌教育，对形成幼儿良好的思想品德和文明行为具有特殊意义。

在学习请茶礼、谢茶礼的过程中，让幼儿学会说"请"和"谢谢"等礼貌用语，做懂礼貌的孩子，培养幼儿认真严谨的小茶人态度，帮助其通过习茶礼的细节端正言谈举止。

活动目标：

1. 懂得使用"请"和"谢谢"是对他人有礼貌的表现。
2. 学习请茶礼、谢茶礼，知道基本的行礼方法。

活动准备：

请茶礼图片、盖碗茶具每人一套、绿茶、品茗杯人手一只、课件《请茶礼、谢茶礼》、背景音乐《仙翁操》。

活动过程：

一、谈话导入，激发兴趣。

引导幼儿讨论：在请客人品茶时，应该说什么或者做什么动作？客人应该说什么或者做什么动作表示谢意？

二、播放课件，学习请茶礼、谢茶礼。

1. 通过课件展示请茶礼、谢茶礼，请幼儿欣赏。

2. 出示请茶礼图片，引导幼儿观察。

（1）请茶礼有几种？（单手请茶礼、双手请茶礼）

（2）行请茶礼时，手指是什么样的？头、身体分别是怎样的？

（3）播放单手礼、双手礼音频，幼儿模仿、体验，教师指导。

（4）小结。

单手礼的基本要求：小茶童来请茶，请人喝茶懂礼仪，四指并拢拇指贴，手掌弯曲向内凹，侧手伸于茶杯旁，善礼点头不要忘。

双手礼的基本要求：小茶童来请茶，请人喝茶懂礼仪，四指并拢拇指贴，手掌弯曲向内凹，双手伸于茶杯旁，善礼点头不要忘。

3. 引导幼儿学习谢茶礼。

（1）提问：你知道什么时候行谢茶礼吗？谢茶礼的姿势是怎样的？

（2）请幼儿模仿、体验。

（3）小结：当泡茶人给客人倒茶时，客人双手虚握空拳行善礼，表达客人对泡茶者的感谢。

三、播放背景音乐，教师表演行茶十式，请幼儿品茶。

活动建议：

1. 在小茶社区域活动中，投放请茶礼和谢茶礼的图片，幼儿可观察图片自主练习。

2. 在日常生活中，让幼儿学会说"请""谢谢"两种礼貌用语，并将茶礼中的请茶礼和谢茶礼融入生活。

活动资源：

谢茶礼的由来

相传，乾隆皇帝微服私访时，到了广州的一家茶馆内稍作停留。乾隆帝一边品茶，一边与身旁的臣僚们侃侃而谈。乾隆帝一时兴起，就忘了身份，抓起茶壶便给大臣们倒茶。按照皇朝礼仪，皇帝赐物，臣僚必须下跪接受。由于皇帝在微服私访，下跪会暴露身份，可是不跪又是欺君之罪。于是一臣子急中生智，以食指和中指屈成跪状，叩击三下，以代替下跪。后来，民间风行以此作为谢茶的礼俗。

单手礼的基本要求

1. 四指并拢，拇指紧贴食指，手掌略向内凹并伸于敬奉的茶杯旁。
2. 行善礼、点头，与手的动作一气呵成。

谢茶礼 　　　　　　　　　　单手请茶礼

双手礼的基本要求

1. 四指并拢，拇指紧贴食指，手掌略向内凹，双手掌伸于敬奉的茶杯旁。
2. 行善礼、点头，与手的动作一气呵成。

课件：《请茶礼、谢茶礼》　　　图片：单/双手请茶礼

音频：《单手礼》　　　音频：《双手礼》

背景音乐：《仙翁操》

区域活动（茶艺区）　我是小茶童

活动经验：

1. 初步学会与同伴协商分配角色，礼貌对话，感受茶礼带给人的亲切和自然。

2. 乐于模仿小茶童习茶的各种礼仪，体验表演带来的乐趣，感知习茶

时的各种礼仪。

活动材料：

善礼、恭礼、诚礼、请茶礼、谢茶礼、执杯礼、品茗礼等各种习茶礼仪的图片，品茗杯6～8个。

指导建议：

1. 观看不同茶礼的图片，激发幼儿表演的兴趣。

2. 幼儿根据图片内容，进行模仿。例如：出示善礼图片，幼儿模仿善礼；出示恭礼图片，幼儿模仿恭礼。

3. 游戏：互做小茶童。

玩法：幼儿两两一组，一名幼儿扮主人，一名幼儿扮客人，互行善礼或恭礼、诚礼；主人行请茶礼，客人行谢茶礼；两人同时行执杯礼、品茗礼。交换角色继续游戏。

4. 幼儿游戏：一同表演习茶礼仪，体会共同游戏的快乐。

5. 分享交流：当小茶人的心情怎样？你都知道哪些行茶礼仪？表演给大家看看吧。

图片：茶礼

生活活动 《诗经》接龙

活动经验：

1. 能认真、安静地聆听《诗经》内容，激发幼儿诵读《诗经》的热情。

2. 在潜移默化中规范幼儿的言行，懂得与人说话交流的范围。

3. 能较连贯地朗诵《诗经》中的经典诗篇，感受中华经典的语言美、意境美。

活动材料：

《诗经》的诵读音频、《诗经》。

指导建议：

1. 每天午睡前坚持听《诗经》10分钟，使幼儿养成一种听读、朗读的习惯。

听读：教师播放音频，幼儿右手食指指字，听录音时做到手指字、耳朵听、闭上嘴巴不出声。

跟读：教师播放音频，幼儿右手食指指字，听录音时做到手指字、耳朵听、张开嘴巴轻声读。

朗读：两手端书身坐正，声音洪亮有感情。

2. 每周利用区域活动时间、生活活动时间，为幼儿讲解《诗经》中的经典语句。

3. 进行《诗经》语句接龙游戏。

（1）教师放录音，请幼儿接说下一句。

（2）幼儿熟练掌握后，可请幼儿进行接龙。

活动资源：

《诗经》是我国第一部诗歌总集，收入自西周初年至春秋中叶五百多年的诗歌305篇，又称《诗三百》。西汉时被尊为儒家经典，始称《诗经》，并沿用至今。

音频：凯风　　　　音频：木瓜

音频：风雨　　　　音频：桃夭

生活活动　我是礼貌小茶童——请茶礼

活动经验：

1. 知道请人喝茶要使用请茶礼，懂得尊重长辈、礼貌待人。

2. 学习请茶礼中单手礼和双手礼的基本动作，体验习茶时请茶礼的文明礼仪。

活动材料：

茶具2套、品茗杯10个、请茶礼图片、背景音乐《仙翁操》、音频《单手礼的基本要求》《双手礼的基本要求》。

指导建议：

1. 播放背景音乐，教师现场表演请茶礼，激发幼儿习茶的兴趣。

2. 谈话：你知道请客人喝茶什么动作表示友好？请表演给大家看。

3. 出示图片，教师示范、讲解请茶时的正确方法。

（1）播放《单手礼的基本要求》音频，学习单手礼的手势并模仿练习。

请人喝茶也有礼仪，我们可以用单手请喝茶，这样的手势叫作"单手礼"。我们一起来练习一下。

要点：五指并拢，单个手掌变成弓，伸于茶杯旁，善礼表敬意，请喝这杯茶，茶叶香甜心里美。

（2）学习双手礼的手势并模仿练习。

提问：小朋友学习了单手礼，还有一种请茶礼你们猜猜叫什么？

单手行礼叫单手礼，那么双手行礼叫什么呢？谁来尝试着做一做？

播放《双手礼的基本要求》音频，学习要点：五指并拢，手掌变成弓，双手伸于茶杯旁，善礼表敬意，请喝这杯茶，茶叶香甜心里美。

4. 角色游戏：请喝茶。

游戏玩法：幼儿分组表演，由一个小朋友当小茶师，假装分茶请茶，其余小朋友当客人，用品茗杯喝茶。游戏反复进行，幼儿轮流做小茶师。

5. 小结：请茶礼是待人接物有礼貌的表现。小朋友在家里请爸爸妈妈、客人喝茶的时候可以行请茶礼，做一个文明有礼的好孩子。

活动资源：

单手礼的基本要求

1. 四指并拢，拇指紧贴食指，手掌略向内凹并伸于敬奉的茶杯旁。

2. 行善礼、点头，与手的动作一气呵成。

双手礼的基本要求

1. 四指并拢，拇指紧贴食指，手掌略向内凹，双手掌伸于敬奉的茶杯旁。

2. 行善礼、点头，与手的动作一气呵成。

图片：单手请茶礼、双手请茶礼　　背景音乐：《仙翁操》

音频：《单手礼的基本要求》　　音频：《双手礼的基本要求》

游戏　小小茶童这样做

活动目标：

1. 乐于模仿茶礼的动作并快速说出其名称。

2. 能在教师的提醒下遵守游戏规则，体会游戏中的快乐。

3. 练习基本礼仪，锻炼观察力与模仿能力。

游戏玩法：

1. 引导幼儿与教师练习对答"小小茶师这样做""我就照您这样做"。

2. 教师一边做幼儿熟悉的动作（如请茶礼、谢茶礼、善礼等），一边说"小小茶师这样做"，让幼儿边模仿教师的动作，边说"我就照您这样做"。

3. 教师的角色也可请幼儿来扮演。

游戏规则：

当教师说完"小小茶师这样做"并做出动作后，幼儿才可以说"我就照您这样做"并模仿教师做出的动作。

亲子活动　亲子茶会

活动经验：

1. 能熟练使用礼貌用语，懂得习茶时的鞠躬礼、请茶礼。

2. 体会游戏的快乐，增进亲子感情。

活动材料：

鞠躬礼、单/双手请茶礼图片，背景音乐《仙翁操》。

指导建议：

1. 邀请家长到茶体验室，与幼儿共同参与茶会活动，激发幼儿习茶的兴趣。

2. 幼儿邀请家长入茶席，并行诚礼，表示对长辈的尊敬。

3. 家长与幼儿共同欣赏茶礼图片，并进行模仿学习。

4. 播放背景音乐，教师展示行茶十式，感受行茶过程中的各种礼仪。

5. 教师泡好茶，请幼儿尝试分茶，并通过请茶礼邀请家长品茶。

6. 教师拍摄幼儿行茶中的照片，与大家进行分享总结，感受茶礼给幼儿带来的变化，增进亲子之情。

图片：单/双手请茶礼，鞠躬礼　　背景音乐：《仙翁操》

第五章

中华茶艺

教学活动一　音乐欣赏《采茶舞曲》

设计意图：

中班幼儿喜欢生活中美的事物，喜欢听音乐，并在听音乐时会产生相应的联想和情绪反应，喜欢用律动、表演、舞蹈等活动表现自己的情绪。本次活动通过观看视频帮助幼儿初步了解茶叶的采摘，感受音乐婉转流畅、清新优美的旋律，并跟随音乐创编采茶动作，丰富幼儿对音乐的感受和表达。

活动目标：

1. 幼儿有参与音乐欣赏活动的兴趣。
2. 能根据乐曲大胆创编采茶动作，感受音乐欢快、愉悦的心情。

活动准备：

音乐《采茶舞曲》、视频《采茶》、小篮子人手一个。

活动过程：

一、欣赏视频《采茶》，了解茶叶的采摘过程，观察采茶动作，初步感受音乐的欢快。

1. 播放音乐，初步感受音乐的欢快。

小朋友们，今天老师带你们到我国的南方去旅游好吗？让我们开着汽车，听着歌去旅游喽。

2. 观看视频，了解茶叶的采摘。

小朋友们看，我们来到了什么地方？（幼儿自由讨论回答）

哦,我们来到了一片茶园。你们看,茶园里有一些人,他们在干什么呢?

原来他们是在采摘茶叶。你看他们是怎样采摘茶叶的?都有哪些动作?

二、欣赏音乐,创编采茶动作。

1. 完整欣赏音乐。

你们听,人们采摘茶叶时还喜欢唱一首歌,叫"采茶舞曲",让我们一起来欣赏一下。

提问:听完这首曲子你有什么样的感觉?

2. 欣赏音乐前奏部分,创编拿篮子动作。

提问:采茶的时候我们要做哪些准备呢?我们怎样拿篮子,动作会更漂亮呢?

3. 创编不同采茶动作。

小朋友,如果让你采茶,你要怎样采呢?谁能表演一下?有这么多香香的茶叶,你的心情怎样?做一做开心、快乐的表情。

4. 请全体幼儿跟随音乐一起做动作。

三、表演《采茶舞曲》。

全体幼儿来到"茶园",跟随音乐表演。

小朋友们,茶园里的茶叶太多了,人们都忙不过来了,你们想不想帮帮他们啊?好,让我们一起拿起小篮子去采茶吧!

活动资源：

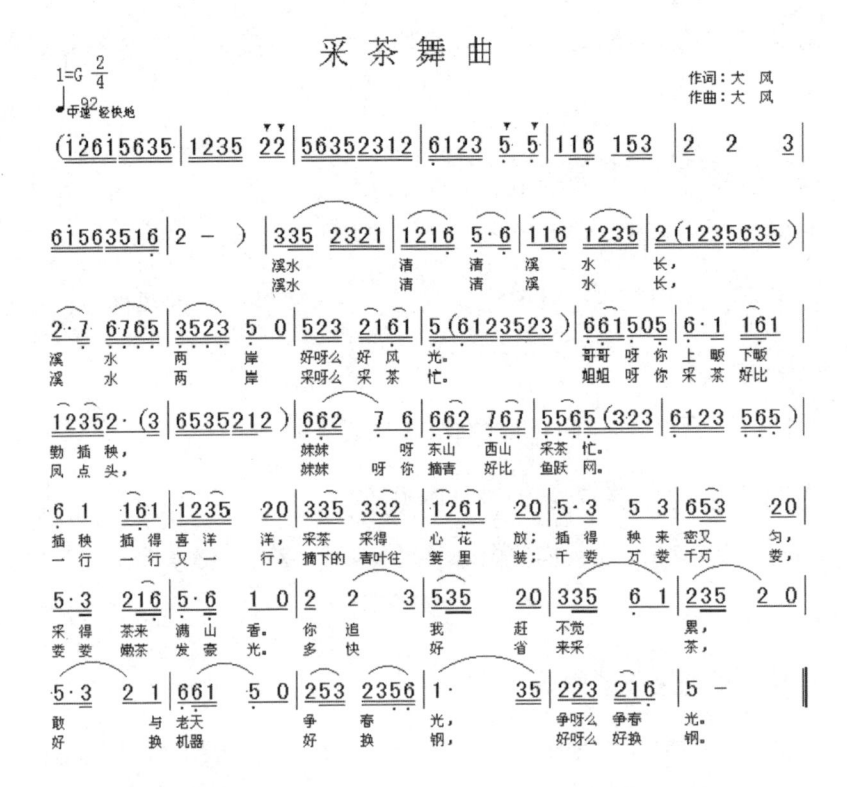

采茶舞曲

作词：大 凤
作曲：大 凤

背景音乐：《采茶舞曲》　　　视频：《采茶》

教学活动二 喝茶喽（律动）

设计意图：

喝茶、泡茶是我们生活中必不可少的一部分，而且给客人、朋友、长辈敬茶还能够增进感情。借助舞蹈的形式将喝茶、泡茶表现出来，有利于增强幼儿对茶文化的理解，锻炼幼儿的身体协调性，激发幼儿对舞蹈的兴趣。

活动目标：

1. 用肢体动作表现泡茶时行礼、敬茶等基本礼仪。

2. 感受乐曲舒缓、优美的特点，能跟随音乐模仿、创编行礼、倒水、敬茶、品茶等基本动作。

活动准备：

音乐《风含情水含笑》。

活动过程：

一、教师表演行茶十式，激发幼儿兴趣。

1. 教师表演行茶十式，播放音乐《风含情水含笑》。

2. 提问：通过老师行茶十式的表演，你觉得喝茶需要哪些步骤？（行礼、泡茶、敬茶、品茶）请幼儿尝试用动作表现出来。

小结：中国人喝茶是讲究礼仪的。喝茶之前需要行礼，泡好茶后需要敬茶，然后邀请大家一起品茶，从而增进感情。

二、游戏互动，回顾鞠躬礼。

玩游戏：我说你做。

1. 教师说，幼儿做。

师：谁是懂礼小茶人？

幼：我是懂礼小茶人。

师：请你向我行躬礼。

幼：我来向你行躬礼。（说完做动作）

2. 两名幼儿一组，玩"我说你做"的游戏，教师观察指导。

三、欣赏音乐《风含情水含笑》，感受音乐舒缓、优美的特点。

1. 请幼儿完整欣赏音乐。

2. 提问：听完这首歌，你的心情怎么样？你觉得这首歌有什么特点？

四、跟随音乐用肢体动作表现行礼、倒水、敬茶、品茶等基本动作。

1. 请幼儿讨论：你想跟随音乐表演泡茶的哪些动作？

2. 分步表演行礼、倒水、敬茶、品茶等基本动作。

（1）行礼。跟随音乐行躬礼。

（2）倒水。请幼儿模仿茶壶倒水，鼓励幼儿大胆创编动作，以求表现不同形状的茶壶以及茶壶出水时的不同样子。

（3）敬茶。理解喝茶时能够与人分享是一件快乐的事情，同时懂得敬茶时要先敬长辈。

（4）品茶。提问：你觉得喝茶的时候是一个人喝茶快乐，还是大家一起喝茶快乐？激发幼儿表演品茶时快乐分享的心情。

3. 跟随音乐完整表演律动，鼓励幼儿在音乐结束时创编一个结束造型。

五、请幼儿分组表演，教师总结评价。

活动资源：

律动动作建议

第1~2小节：双手交叉放在小腹部，小碎步。

第3~4小节：双手交叉放在小腹部，分别向左前方、右前方鞠躬行礼各一次。

第5小节：左手叉腰，右手弯曲作壶嘴状。

第6～8小节：小碎步顺时针转一圈。

第9～12小节：身体向右弯曲，作倒水状四次。

第5～17小节：反方向重复5～12小节动作。

第18小节：双手围成圆作茶杯状，向左前方、右前方敬茶各两次。

第19～20小节：双手围成圆圈送往鼻子下方，左右摇头闻茶香。

第21～22小节：仰头喝茶。

结束：做一个造型固定。

风含情水含笑

1=E 4/4

简谱：《风含情水含笑》　　音乐：《风含情水含笑》

教学活动三　布置茶席

设计意图：

茶席的设计必须建立在实用、美观的基础上，茶具的摆放要布局合理、注重层次感，这样才能创造出一个舒适优雅的环境。在布置茶席的过程中，幼儿要保持平和的心态，在老师的引领下，循序渐进地进行，可帮助训练幼儿的专注力，通过操作感受布置茶席的乐趣。

活动目标：

1. 体验摆放茶席时优雅的姿势。

2. 能够细心、有序地摆放茶具。

活动准备：

1. 知识储备：幼儿知道茶具名称并了解其功能。

2. 儿童行茶套组每人一套、茶叶、课件《茶席图片》、背景音乐《仙翁操》。

活动过程：

一、欣赏茶席布置的图片，使幼儿萌发布置茶席的兴趣。

指导语：今天，老师给大家带来了一些茶席的图片请小朋友们欣赏，你最喜欢哪张图片？这张图片中的茶席是怎样布置的？

二、播放课件，学习布置茶席。

1. 复习茶具名称。

小朋友们，你们想不想自己布置一下茶席呢？让我们看看布置茶席用到了哪些茶具呢？

煮水器、茶罐、品茗杯、盖碗、公道杯、水盂、茶席、茶巾、茶针、茶则。

2. 了解茶具在茶席上的位置，知道如何布置茶席。

指导语：你们知道茶具如何正确摆放吗？

（1）观察茶席布置的图片，引导幼儿说说图片中茶席上的茶具是如何摆放的，了解茶具的摆放位置。

（2）小结：为了表达对客人的尊重，壶嘴不应对着客人，而茶具上的图案要朝向客人，摆放整齐。

3. 幼儿练习布置茶席。

（1）幼儿操作，教师有针对性地进行指导。

（2）教师点评。

（3）教师小结优点及注意改进的地方。

4. 播放背景音乐，幼儿欣赏教师泡茶，感受茶艺之美。

5. 幼儿使用自己布置的茶席上的品茗杯品茶。

活动建议：

在茶生活体验区的墙面张贴茶席布置的图片，给幼儿提供可以摆放的茶席图片，并在图片的相应位置画上茶具，便于幼儿练习布置茶席。可提供插花、茶宠等物品，让幼儿自由布置茶席，提升布置茶席的美感。

活动资源：

布置茶席的注意事项：摆放茶具的过程要有序，左方要平衡，尽量不要有遮挡。如果有遮挡，则要按由低到高的顺序摆放。

课件：《茶席图片》　　　　背景音乐：《仙翁操》

教学活动四　茶艺欣赏——行茶十式

设计意图：

行茶十式是茶文化的综合体现。千百年来，中国茶文化显示了一种永恒的生命力，这是一种以茶为媒的生活礼仪，也是一种修身养性的方式。沏茶、赏茶、闻茶、饮茶等不仅能增进友谊，而且也是修心养德、学习礼法的有益方式。本活动旨在加深幼儿对行茶十式的了解，激发幼儿学习行茶十式的兴趣，促进幼儿感受行茶的礼、和、美。

活动目标：

1. 初步了解行茶十式，从而对行茶产生兴趣。

2. 通过欣赏行茶十式，感受行茶是讲究礼仪和秩序的。

活动准备：

物质准备：儿童茶套组每人一套、茶叶（白茶）一份、茶席摆放图片、背景音乐《仙翁操》、课件《行茶十式图解》。

经验准备：熟悉茶席中茶具的摆放位置。

活动过程：

一、幼儿布置茶席，知道茶席摆放是要讲究秩序的。

1. 请幼儿跟随背景音乐《仙翁操》独立进行茶席摆放，教师巡回指导。

2. 教师出示茶席摆放图片，请幼儿对照图片，正确布置茶席。

二、欣赏教师展示行茶十式，感受茶之美、茶之味、茶之礼。

1. 播放背景音乐，教师操作行茶十式。敬茶时，请幼儿围在茶桌旁，提醒幼儿用执杯礼、品茗礼品茶。

执杯礼：左手执杯以为礼，右手托杯以为敬，感恩之心以为品。

小结：希望每个小朋友都能做一个懂礼仪的小茶人，在平时的生活里也能争当懂礼貌的小朋友。

2. 播放课件，请幼儿讨论：你最喜欢行茶十式的哪个步骤？为什么？鼓励幼儿到教师身边用教师茶套组尝试操作。

小结：行茶十式能给大家带来美的享受，也能让泡茶的人平静、专注。老师泡茶需要按照十个步骤进行，每一步都有其独特的要求和魅力，等小朋友们升入大班以后再逐步学习。相信你们泡出来的茶更清香。

三、教师给幼儿敬茶，请幼儿交流茶的味道，了解喝白茶的好处。

1. 请幼儿用执杯礼品茶，交流白茶的味道。

2. 提问：喝白茶有什么好处？

小结：白茶是我国六大茶类的一种，常喝白茶可以保护眼睛和肝脏。

四、师幼互相行诚礼，幼儿互相行善礼，共同整理各自的茶包，结束活动。

活动资源：

行茶十式图解

一式·主客行礼

茶师落座后，先行注目礼，
再行善礼。

送上恭敬的态度，净场安顿，
收敛心神，以示行茶开始。

二式·备茶

茶叶罐中准备上、中、下三段茶，
将茶叶罐里的茶旋转倾倒于茶则，
旋转茶叶罐的手势环抱内敛，四指并合，从外向内。

三式·温器

盖碗：
翻盖注水，复原碗盖，用温盖碗的水继续温烫公杯。

主泡器内外温热彻底，以便醒茶发香。

每个动作心手合一，自然流畅。

四式·投茶 摇香 闻香

投茶：在盖碗温度最高时投茶，便于醒茶和发香。

摇香：将主泡器置于胸前，摇香三次唤醒干茶。

闻香：先侧面呼气，然后将主泡器的盖子面向自己，打开15°的缝隙，再闻香，切忌对茶呼气。

五式·温杯

用公杯中的热水，
以泡茶器为中心温热茶杯。

温热茶杯的水先不弃掉，以便保持温度。

手语是茶人行茶时的表达，
四指并拢拇指贴合"手容恭"。

双手动作协调，不越物，不交叉。

六式·润茶

将每一片茶叶浸润完全，

注水及出汤速度相对要快，

润茶的水弃于水盂，

没有多余的动作。

七式·泡茶

观：双手将盖碗捧起，观照内心，觉知当下。

止：盖碗平移到胸前，知止中正，止语止念。

行：太极的轨迹出汤，内外兼修，重在践行。

八式·分茶

先将温热茶杯的水弃掉：手不碰杯口，执2/3处，弃水时有送有收。

不越物，不交叉，均分茶汤，谦恭礼敬，分茶时双手低斟，公杯底忌朝向客人，下倾45°斟茶。

九式·请茶

手容恭，双手打开与肩同宽。

向外敞开上扬15°，同时行善礼。

带着一颗恭敬的心，真诚、亲善地请大家用茶。

十式·品茶

左手执杯以为礼，

右手托杯以为敬，

感恩之心以为品。

课件：《行茶十式图解》 图片：茶席摆放知多少 背景音乐：《仙翁操》

区域活动（美工区） 我是茶席设计师

活动经验：

1. 知道茶席中茶具的摆放位置，主动参与茶席的布置。

2. 能展开想象，利用各种废旧物品进行创作，体验茶席布置带来的美的享受。

活动准备：

颜料、水粉笔、各色茶巾、废旧的瓶子、丝带、麻绳、纸黏土、假花装饰品。

活动建议：

1. 请幼儿观察茶席布置的图片，激发自主创作的欲望。

讨论：如果是你，你会如何设计茶席？

2. 幼儿自主选择材料进行大胆创作，如用颜料在茶巾上涂鸦。

3. 用丝带、纸黏土、麻绳或其他材料装饰废旧瓶子，把假花插入瓶中点缀。

4. 教师展示幼儿作品，幼儿互相讨论，教师总结。

区域活动（益智区） 茶席摆放知多少

活动经验：

体验茶席布置之美，了解茶席中茶具的摆放位置，乐意通过拼图的形式模拟茶席摆放。

活动准备：

自制茶席拼图若干（9～24块拼图不等，供不同能力的幼儿选择），各种尺寸的茶席图片若干。

活动建议：

1. 请幼儿根据自己的能力和兴趣，选择拼图，自主探索茶席摆放的正确方法。

2. 两人一组，互相检查拼图摆放是否正确。

3. 给幼儿提供茶席摆放图片，请幼儿自己动手制作拼图，并探索多种玩法。

图片：茶席摆放知多少

第六章

茶艺活动课程资源

	活动名称	教师教学资源
茶器	1. 认识儿童行茶套组	课件《儿童行茶套组》、背景音乐《秋风词》
	2. 欣赏各种各样的盖碗	课件《欣赏各种各样的盖碗》、背景音乐《秋风词》
	3. 线描茶壶	课件《线描茶壶》、背景音乐《秋风词》
	4. 捏茶壶	捏茶壶图片、背景音乐《秋风词》
茶叶	1. 西湖龙井茶的传说	故事音频《西湖龙井的传说》、课件《西湖龙井的传说》、背景音乐《秋风词》
	2. 飘香群芳最——祁门红茶	故事音频《祁门红茶的由来》、背景音乐《秋风词》、课件《祁门红茶》
	3. 茶树知多少	故事音频《茶树的传说》、课件《茶树的传说》、背景音乐《秋风词》
	4. 会变的茶叶	《会变的茶叶》图片、背景音乐《秋风词》
	5. 春茶	课件《春茶》、背景音乐《仙翁操》
茶礼	1. 小茶童知礼仪——《弟子规》	音频《弟子规》、故事音频《黄香孝亲的故事》《宋濂诚实守信》、儿歌音频《我的好妈妈》
	2. 小茶童来分茶	课件《小茶童来分茶》、分茶图片、背景音乐《仙翁操》
	3. 小茶童习礼仪——执杯礼、品茗礼	课件《执杯礼、品茗礼》、背景音乐《仙翁操》
	4. 小茶童习礼仪——请茶礼、谢茶礼	单/双手请茶礼图片、课件《请茶礼、谢茶礼》、背景音乐《仙翁操》、音频《单手礼》《双手礼》
	5. 我是小茶童	茶礼图片
	6.《诗经》接龙	音频《风雨》《凯风》《木瓜》《桃夭》

续表

	活动名称	教师教学资源
茶礼	7. 我是礼貌小茶童——请茶礼	单手请茶礼和双手请茶礼图片、背景音乐《仙翁操》、音频《单手礼的基本要求》《双手礼的基本要求》
	8. 亲子茶会	背景音乐《仙翁操》，鞠躬礼和单/双手请茶礼图片
茶艺	1. 音乐欣赏《采茶舞曲》	音乐《采茶舞曲》、视频《采茶》
	2. 喝茶喽（律动）	音乐《风含情水含笑》、简谱《风含情水含笑》
	3. 布置茶席	课件《茶席图片》、背景音乐《仙翁操》
	4. 茶艺欣赏——行茶十式	课件《行茶十式图解》、《茶席摆放知多少》图片、背景音乐《仙翁操》
	5. 茶席摆放知多少	《茶席摆放知多少》图片

茶文化环境创设

环境创设意图：

幼儿园环境是幼儿园课程的一部分。在创设幼儿园环境时，不仅要考虑教育性，还应使环境创设的目标与本班的教育目标相一致。一个空间布局、色彩搭配诸方面和谐有序的环境，不仅能带给幼儿视觉上的舒适，更能带给他们心理上的愉悦和轻松，从而激发他们更多的积极、主动的行为。人们常说："没有不美的颜色，只有不美的搭配。"因此，在创设茶文化环境时，我们要结合幼儿的年龄特征和本班的主题特色，并结合中国茶文化，开设茶文化活动区域。通过创设丰富的茶文化环境，激发幼儿的学习兴趣，布置相应的主题墙饰。幼儿能够从中了解中国十大名茶，认识各种茶具，学习各种茶礼，在潜移默化中培养其热爱民族文化的情感，帮助其陶冶高尚情操。

环境创设目标：

1. 通过创设茶文化环境，使幼儿体会茶文化的古朴、雅致，提高其审美情趣。

2. 认识、了解生活中常见的几种茶叶，通过品茶，了解以茶待客的文化，知道简单的敬茶方法和茶道礼仪。

3. 尝试运用多种创作手法（掏剪、捏泥、折纸、线条画、穿编、粘贴等），利用不同材料制作茶壶、茶杯，发展幼儿创造力。

4. 通过环境渗透主题教育活动和区域活动内容，增进同伴间的交往能力、合作能力、解决问题的能力和协调人际关系的能力。

整体环境创设：

1. 在墙面上张贴中国十大名茶的图片，并附上茶叶的功效，加深幼儿对十大名茶的认知。

2. 为了营造茶社的文雅气息，可在活动室内张贴有关茶艺的名画作品，让幼儿随时都能欣赏。

3. 教师和幼儿一起创设茶文化环境，如制作茶末贴画、茶叶添画、茶壶线描画等作品，张贴在作品展览板上，以供幼儿欣赏；用黏土、面泥或橡皮泥制作茶壶、茶饼、茶点心等；制作水果茶、奶茶等茶饮品；设计各种各样的茶席；张贴有关十大名茶的传说故事，鼓励幼儿大胆讲述。

区域材料投放：

水壶、儿童行茶套组、十大名茶茶叶及其图片、有关茶文化的绘本、茶礼图片、行茶流程图、茶服、茶桌、地垫。

第六章 茶艺活动课程资源

茶文化体验室环境创设：

1. 茶具

行茶套组

紫砂壶

玻璃器皿

煮水器

85

2. 茶服

3. 茶叶

4. 茶桌

5. 茶书

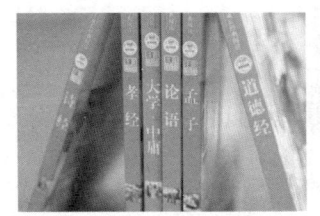

6. 气氛营造

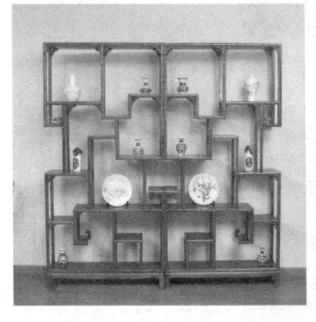

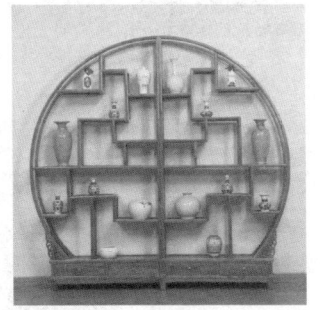

博古架

器具架

茶席

茶席花

和香

第六章 茶艺活动课程资源

衣架

古琴

色空鼓

89